엄마를 위한

멘사
종합
퍼즐

멘사 공식 두뇌 계발 퍼즐로 우울증, 스트레스를 날려라

엄마를 위한
멘사 종합 퍼즐

고급

로버트 앨런 지음 | 홍주연 옮김

알파미디어

퍼즐로 내 두뇌의 한계에 도전하라

– 팀 데도풀로스Tim Dedopulos

퍼즐 반사 신경

퍼즐의 역사는 인류의 역사만큼 오래되었다. 당연한 일이다. 우리가 세상을 인식하는 방식이 퍼즐을 푸는 과정과 같기 때문이다. 우리의 뇌는 주변 환경을 각각의 요소로 분해한 뒤 우리가 그동안 경험해 본 다른 것들과 비교함으로써 세계를 이해한다. 형태, 크기, 색, 질감 등 수많은 성질을 비교하여 머릿속에서 대상의 범주를 분류하고, 주변에 있는 다른 사물에 관한 지식을 검토하여 맥락을 부여한다. 우리는 이러한 연결망을 따라감으로써 우리가 바라보고 있는 대상을 이해하여 주어진 상황에 대처할 수 있게 된다. 낙엽송을 생전 처음 보았다 해도 우리는 그것이 나무라는 사실을 알 수 있다. 대부분의 경우에는 기본적인 인식만으로도 충분하지만 어쨌든 우리는 사물을 인지할 때마다 상호 참조와 분석, 정의의 과정을 거친다. 즉, 퍼즐을 푸는 것이다.

이러한 논리적 분석 능력은 창의력, 귀납 능력과 더불어 우리 머릿속에서 가장 유용한 도구 중 하나다. 이 능력이 없었다면 과학도 존재하지 않았을 것이고, 수학은 그저 물건의 수를 세는 방법에 지나지 않았을 것이다. 인류가 어떻게든 동굴 밖으로 나왔다 해도 그렇게 멀리 가지 못했을 것이다.

우리는 무의식적으로 우리 자신을 다른 이들과 비교한다. 우리가 머릿속에 분류해 둔 범주 안에는 우리의 자리도 있다. 우리는 자신이 속한 위치를 알고 싶어 하며 이는 자기 자신, 그리고 다른 이들과의 경쟁 본능으로 이어진다. 개인의 한계를 뛰어넘는 데는 경험, 유연성, 힘이 필요하다. 신체뿐 아니라 정신에 있어서도 마찬가지다. 추론은 우리에게 만족과 가치감을 안겨 주며 우리의 자아상을 이루는 복잡한 요소 중 일부가 된다. 우리는 무엇인가를 이뤄 냈을 때 큰 성취감을 느낀다. 특히 자신의 능력으로는 너무 어려울 거라고 생각했던 일을 이뤄 냈을 경우 더욱 그렇다.

다시 말해 뇌는 분석, 패턴 인식, 논리적 추론을 통해 세계의 의미와 구조를 파악한다. 그리고 우리가 스스로의 능력을 시험하려는 욕구는 그로부터 비롯되는 당연한 본능이다. 그렇다면 우리가 퍼즐을 풀면서 시간을 보내는 것보다 더 자연스러운 일이 어디 있겠는가?

고대의 퍼즐

퍼즐을 풀고자 하는 욕구는 모든 인류의 보편적인 특징이었던 듯하다. 고고학적 증거가 남아 있는 모든 시대, 모든 문화권에서 퍼즐의 흔적을 찾아볼 수 있기 때문이다. 명백하게 퍼즐로 볼 수 있는 과거의 유물 중 가장 오래된 것은 기원전 2000년경의 것이다. (우리가 아는 최초의 문자가 기원전 2600년경의 것인데 말이다.) 고대 바빌로니아에서 사용했던 서판 위에 남아 있는 이 퍼즐은 삼각형의 변에 관한 수학 퍼즐이다.

비슷한 시기의 또 다른 퍼즐도 발견되었다. 고대 이집트의 린드 파피루스 안에는 영국의 전통적인 수수께끼인 '내가 세인트아이브스에 가려고 할 때'의 전신이라고 할 수 있는 퍼즐이 기록되어 있다. 이 퍼즐의 기초가 되는 상황은 다음과 같다. 일곱 채의 집 안에 일곱 마리의 고양이가 있다. 각 고양이는 쥐를 일곱 마리씩 잡아먹는데, 각 쥐는 낟알을 일곱 개씩 먹었다. 가상의 설정임이 명백하다.

비슷한 예로 고대에 만들어진 '퍼즐 저그'의 초기 형태도 남아 있다. 사이프러스에서 발견된 이 유물은 기원전 1700년 경 페니키아에서 만들어진 것으로 뒷날 중세 유럽에서 인기를 끌게 될 물병과 유사한 형태였다. 나중에 카도간 주전자라고도 불리게 되는 이러한 형태의 물병은 뚜껑이 없고 아래쪽에 있는 구멍을 통해 물을 채워야 한다. 병 내부에 깔때기 형태의 또 다른 병이 있어, 병을 거꾸로 뒤집었을 때 물을 흘리지 않고도 절반 정도를 채울 수 있다.

그러나 이러한 고대의 유물들은 만들어진 지 오랜 시간이 지났기 때문에 그것을 만든 이들이 정말 퍼즐을 염두에 둔 것인지 혹은 단순히 수학적 설명을 목적으로 한 것인지 불확실할 때도 있다. 등비수열이 적혀 있는 고대 바빌로니아의 한 서판은 기원전 2300년경의 것으로 추정된다. 그보다 더 오래된 수학적 유물은 기원전 2700년경의 것으로 여겨지는 정다면체 형태로 깎인 석구들이다. 이 석구들은 정규 볼록 다면체, 즉 동일한 다각형들로 이루어진

---

1 수수께끼 형태의 영국 전통 동요로 가장 흔한 버전은 다음과 같다. '세인트아이브스에 가는 길에 일곱 아내가 있는 남자를 만났네. 각 아내는 일곱 개의 자루를 가지고 있고, 각 자루 안에는 일곱 마리의 고양이가 있고, 고양이 한 마리에게는 일곱 마리의 새끼 고양이가 있다네. 새끼 고양이, 고양이, 자루, 아내. 세인트아이브스로 가고 있는 이는 모두 몇일까?'-옮긴 이)

3차원 입체이다. 가장 익숙한 형태는 6개의 사각형으로 이루어진 6면체이지만 그 밖에 8개의 등변삼각형으로 이루어진 8면체, 12개의 오각형으로 이루어진 12면체, 20개의 등변삼각형으로 이루어진 20면체도 있다.

이것이 교육 용구였는지, 퍼즐이나 게임 도구였는지, 이론을 설명하기 위한 도구였는지, 예술 작품이나 혹은 종교적 상징이었는지는 알 방법이 없다. 하지만 이러한 유물의 존재는 그 시대에 누군가가 이미 상당한 수준의 수학적 퍼즐을 풀어내어 정규 볼록 다면체가 존재할 수 있다는 사실을 밝혀냈음을 보여 준다.

아메넴헤트의 미궁

역사상 가장 거대한 퍼즐 중 하나가 만들어진 것도 같은 시대였다. 이집트의 파라오인 아메넴헤트 3세가 건설한 피라미드 주변에는 거대한 성전이 미로 형태로 세워져 있었다. 파라오의 미라와 보물을 도굴꾼에게서 지키기 위해 설계된 이 미로는 너무나 화려하고 정교해서 크레타의 미노스 왕이 미노타우로스를 가두기 위해서 다이달로스를 시켜 크노소스에 세웠던 유명한 미로의 영감이자 기초가 되었다고 전해진다.

퍼즐의 역사

시간이 조금씩 흐를수록 복잡한 형태를 띠는 퍼즐이 다양하게 생겨났다. 이는 고고학과 역사학 자료들이 분명하게 뒷받침한다. 그리스의 전설에 따르면 숫자가 매겨진 주사위가 처음 발명된 것은 기원전 1200년경 트로이 포위 때의 일이다. 기원전 5세기에서 3세기 사이의 그리스에서는 '수평적 사고 퍼즐'과 '논리적 딜레마' 문제가 크게 유행했다. 기원전 1세기 중반 그리스에서는 중요한 수학 퍼즐이 많이 생겨났으며 기원후 100년 무렵에는 로마까지 퍼져나갔다. 이 시기에 중국 사람들도 로슈洛書라는 특별한 놀이를 즐겼으며 수학적 원리를 깊이 있게 적용한 문제도 많이 풀었다고 한다.

현대에 가까워질수록 퍼즐이나 퍼즐과 유사한 게임들이 점점 더 흔해졌다. 기원전 500년경 중국에서는 바둑이 시작되어 천 년 뒤 일본에까지 전파되었다. 일본에서 바둑은 아직도 중요한 스포츠다. 비슷한 시기에 인도에서는 차투랑가, 중국에서는 장기가 시작되었다. 여러 개의 고리를 끼워 맞춰 반지를 만드는 퍼즐링Puzzle Ring 또한 기원후 3세기 무렵 중국에서 처음 등장했고, 뱀사다리게임도 7세기 무렵에 중국에서 시작되었다고 알려져 있다.

최초의 카드놀이는 기원후 969년 중국 요나라 목종 황제의 업적을 기록한 자료에서 찾을 수 있다. 이것은 오늘날 카드놀이와는 많이 다르지만 11~12세기 페르시아인들이 즐겼던 놀이와 상당히 비슷하다. 1697년에는 혼자서 하는 카드놀이, 솔리테어Solitaire가 처음 등장했다. 특히 18세기에서 19세기로 넘어올 즈음 발생한 산업 혁명의 거센 물결이 아이디어를 퍼뜨리는 방식을 크게 바꾸면서 퍼즐이 폭발적으로 늘어나기 시작했다. 이 시기 사람들의 눈길을 끌어 인기를 모은 퍼즐로는 1767년에 존 스필스버리가 고안한 직소 퍼즐, 그림 맞추기 퍼즐, 1820년에는 찰스 배비지가 처음으로 틱택토Tic-Tac-Toe, 미국식 오목에 대해 정식으로 논하였다. 1830년에는 미국에서 포커가 처음 등장했고, 1883년에는 프랑스의 수학자 뤼카가 '하노이의 탑' 퍼즐을 만들어 냈다. 1913년 12월 21일 〈뉴욕월드〉 신문에 아서 윈이 개발한 크로스워드_{십자말풀이} 퍼즐이 처음 실렸으며, 1974년에는 에르뇨 루빅이 자신의 이름을 딴 루빅 큐브라는 장난감을 개발했다. 1979년에는 미국인 하워드 간스가 스도쿠 퍼즐을 처음 개발하여 'Number Place'라는 이름으로 〈델〉이라는 잡지에 소개해 큰 인기를 끌었다.

두뇌의 가소성

최근 신경학이나 인지과학 분야에서 쏟아지는 연구 결과에서 퍼즐이 정신 발달을 돕는다는 사실이 계속해서 밝혀지고 있다.

사람의 뇌는 살아 있는 동안 끊임없이 스스로를 키우고 변화시키고 구조를 잡아 나간다. 이렇게 평생 변화하는 신체 조직은 뇌가 유일하다. 그동안 우리는 유아기에 이미 두뇌가 완전히 형성된다고 믿었지만 실제 사람의 두뇌는 끊임없이 활동하면서 새롭게 모양을 바꾸어 나간다. 게다가 뇌는 물리적인 손상에 적절히 대처할 수 있고 익숙한 환경과 절차를 더욱 잘 처리하도록 효율적으로 구조를 바꾸기도 한다. 뇌의 이러한 놀라운 유연성을 '가소성'이라고 한다.

가소성의 가장 중요한 의미는 정신 능력과 인지 능력을 강화하는 시기가 따로 정해져 있지 않다는 점에 있다. 몸 근육을 키우는 것처럼 뇌도 운동을 통해 그 기능을 강화할 수 있으며 이로써 기억력이 향상되고 두뇌 건강도 좋아진다. 특히 유아기는 두뇌 발달에 큰 영향을 미친다. 지능 발달에 필수적인 신경 회로인 시냅스_{뇌를 구성하는 연결 부위}의 양은 어른의 뇌보다 유아기 때 뇌가

2배 가까이 많다. 이는 우리가 경험을 통해 배우고 그러한 경험이 뇌 구조에 공간을 형성한다는 사실을 알려 준다. 태어나서 36개월까지는 뇌 발달에 특히 중요하다. 이 시기 뇌는 그 사람이 평생 갖추게 될 지능, 성격, 사회화의 기본 패턴을 형성하기 때문이다. 또한 청소년기부터 두뇌를 활발하게 움직인 사람은 성인기에 학습 능력이나 노년기 두뇌 건강에서도 좋은 성과를 보인다. 특히 뇌를 많이 쓰는 직장인에게 이러한 두뇌 건강은 중요하다.

하지만 더 중요한 사실은 25세인 사람의 뇌와 75세인 사람의 뇌 사이에 별다른 차이가 없다는 것이다. 나이가 들수록 우리 뇌는 자신의 생활 방식에 맞춰 최적화된다. 예전에 거의 사용한 적이 없는 연결 작용이라 해도 구체적으로 사용해야 할 일이 생기면 두뇌는 시냅스의 효율성을 높여 새로운 변화에 순응한다. 우리 몸이 잘 쓰지 않는 근육을 제거해서 필수 에너지를 효과적으로 사용하는 것처럼, 우리 두뇌 역시 잘 활용하지 않는 기능을 서서히 없애 버린다. 신체 운동을 통해 근육을 강화하듯이 정신 운동을 통해 뇌 건강을 강화할 수 있다.

퍼즐과 뇌의 성장

나이가 먹을수록 기억력이 심하게 떨어지는 이유는 두뇌 훈련을 충분히 하지 않았기 때문이라고 한다. 특히 심각한 기억력 감퇴 증상은 주로 뇌세포가 손상되어 일어나는 알츠하이머병을 앓은 사람에게서 나타난다.

놀라운 사실은 강도 높은 두뇌 훈련으로 알츠하이머병으로 파괴된 두뇌 조직까지 자극하여 손상된 뇌세포를 복원해 준다는 점이다. 특별한 조직 손상이 없어도 기억력이 감퇴하는 경우가 있는데 이는 뇌를 자주 사용하지 않기 때문이다. 뇌세포 주변을 감싸는 거대한 보호막이 나이가 들면 없어진다는 오래된 가설은 사실이 아니다. 오히려 나이를 먹을수록 지적 운동을 강화하면 기억력을 향상시킬 수 있다.

  세계 각지에서 행해지는 연구를 통해 두뇌가 명석한 노인들의 공통점이 밝혀지고 있다. 이들은 대개 평균 수준 이상의 교육을 받았으며, 열린 자세로 변화를 받아들였고, 개인적 성취에 만족할 줄 알았다. 또한 부지런히 운동을 하고, 똑똑한 배우자와 살며, 삶에 대한 의욕이 넘친다. 그밖에 독서, 사교 활동, 여행 등을 즐기고 꾸준히 퍼즐을 푸는 습관이 있었다. 하지만 이와 같은 공통점만 갖춘다고 해서 두뇌 활동에 도움이 되는 것은 아니다. 지능 향상에 도움이 되는 여가 활동은 '적극적인 지적 활동'이다. 이를테면, 두뇌를 자극하는 직소, 크로스워드와 같은 다양한 퍼즐이나 체스, 독서 같은 것들이다. 특히 독서의 경우, 줄거리를 제대로 이해하려면 상상력과 집중력을 발휘하여야 하기 때문에 두뇌 운동에 매우 효과적이다. 반면 '소극적인 지적 활동'은 두뇌 기능을 떨어뜨린다. 두뇌 능력을 가장 떨어뜨리는 해로운 여가 활동이 텔레비전 시청이다. 특정한 멜로디가 반복되는 음악을 계속해서 듣거나 별 내용 없는 수준 낮은 잡지를 읽거나 전화기를 붙들고 수다를 떠는 일은 그다지 집중할 필요가 없는 활동이다. 이런 활동은 뇌를 노화시킨다. 뇌에 도움이 되는 상호 작용은 무엇보다 서로 직접 만나서 얼굴을 보고 이야기하는 것이다.

컬럼비아대학 연구

뉴욕 컬럼비아대학의 연구팀은 맨해튼 북부 지역에 거주하는 직장에서 은퇴한 사람들 1,750명을 7년 동안 추적 관찰하는 연구를 실시했다. 피실험자들은 두뇌의 정신적·신체적 상태를 점검하기 위해 주기적으로 건강 검진과 심리 상담을 했으며 자신의 일과를 구체적으로 보고했다. 피실험자들의 각기 다른 교육 수준과 직업 성취도를 고려하지 않은 채 실험한 결과, 사람들의 여가 활동이 치매 발병 위험을 크게 낮추는 것으로 나타났다.

이 연구를 진행한 야콥 스턴 박사는 "피실험자의 인종, 교육 수준, 직업 등 다양한 요인을 고려했을 때에도 활발한 여가 활동을 즐기는 사람들이 치매가 발병할 위험이 38% 가량 낮게 나타났다."라고 말한다. 여가 활동은 신체·사회·지적 활동 이렇게 세 가지 분야로 나누어 실험했다. 분야마다 여과 활동은 저마다 효과가 있었지만 그중에서도 지적 활동이 치매에 걸릴 위험을 낮추는 데 가장 큰 영향을 미쳤다. 스턴 박사는 여가 활동이 치매 위험을 크게 줄이는 것은 물론이고 알츠하이머병으로 인한 신체적 손상도 막아 준다고 말하며 다음과 같이 덧붙였다.

"우리 연구는 임상적인 증상이 분명하게 드러나기 전부터 사람들은 이미 뇌에서 진행 중인 알츠하이머병에 대처하는 일종의 기술 또는 요령을 다양한 경험을 통해 익힌다는 사실을 보여 준다. 매일같이 지적, 사회적 활동을 하다 보면 인지 능력이 감퇴하는 충격을 완화할 수 있다."

명석한 두뇌 지키기

스턴 박사의 연구 결과를 뒷받침하는 또 다른 연구가 있다. 시카고에 위치한 급성 알츠하이머연구소의 데이빗 버넷 박사는 지능이 뛰어난 사람들을 대상으로 두뇌 상태를 매년 점검하였으며, 이들이 죽고 난 뒤 부검을 통해 알츠하이머병 증상이 있었는지 조사했다. 그 결과, 죽을 당시 심각한 정신 질환을 앓은 사람은 한 명도 없었는데 이는 모든 피실험자들이 정신적, 사회적, 신체적으로 활발하게 활동했기 때문이었다. 그런데 피실험자들 중 3분의 1이 조금 넘는 이들이 알츠하이머병으로 진단할 수 있을 정도로 뇌가 손상된 상태였고, 뇌세포 손상이 매우 심각한 경우도 있었다. 뇌에 손상이 있었던 사람들은 인지력과 논리력 테스트에서 다른 피실험자들과 동일한 점수를 얻었지만 과거 특정 상황과 관련한 기억을 떠올리는 테스트에서는 상대적으로 낮은 점수가 나왔다. 또한 노트르담수도회의 수녀들을 대상으로 이와 비슷한 연구를 했다. 평균 수명이 85살을 자랑하는 노트르담수도회에서 치매를 앓는 사람이 한 명도 없다는 연구 결과가 나오면서 사람들이 관심을 갖기 시작했다. 이런 놀라운 결과가 나올 수 있었던 이유는 게으름과 우둔함을 경계하고 활발한 정신 활동을 위해 꾸준히 노력하는 수녀들의 생활 방식 때문이었다. 수도회 수녀들은 퍼즐을 풀거나 흥미진진한 게임을 즐겼고 글을 쓰거나 시사와 관련한 세미나를 열거나 지방 자치에 참여하기도 했으며, 하다못해 뜨개질이라도 했다. 수녀들은 무슨 일이든 적극적으로 참여했다. 주목할 만한 점은 알츠하이머병으로 인한 신체적 손상이 나타난 수녀들은 있었지만 지금까지 알츠하이머병과 관련된 정신적 손상은 90세가 넘은 수녀에게서조차 발견되지 않았다는 사실이다.

뇌의 회복

정신 활동의 중요성을 강조하는 연구는 이 밖에도 많이 있다. 뉴사우스웨일즈대학 정신의학센터의 마이클 발렌수엘라 박사가 이끄는 연구팀은 전 세계 3만 명을 대상으로 추적 조사를 실시했다. 조사 결과, 교육과 직업이 두뇌 건강과 상관관계를 보였으며, 이와 마찬가지로 하루를 대부분 두뇌를 자극하는 운동에 할애하는 사람들은 치매 발병 위험률이 46% 가까이 낮았다. 나이를 먹으면서 뒤늦게 정신에 자극을 주는 활동을 하는 사람도 이와 비슷한 수치가 나타났다.

퍼즐을 푸는 기술

　퍼즐 풀기는 과학이라기보다는 기술에 가깝다. 퍼즐을 맞추려면 유연한 정신력, 문제 속에 숨은 원칙이나 확률을 간파할 수 있는 이해력, 직관력까지 동원해야 하기 때문이다. 크로스워드를 제대로 풀기 위해 우선 퍼즐을 만든 사람의 의도나 스타일을 잘 파악해야 한다. 다른 퍼즐도 마찬가지다. 이 책에 실린 다양한 퍼즐을 잘 풀고 싶다면 무엇보다도 출제자의 의도를 제대로 짚어 내야 한다.

연속성 퍼즐

　연속성 퍼즐은 연속된 요소들 사이에 숨겨진 규칙을 찾아내어 빠진 숫자나 기호, 패턴을 채워 넣는 퍼즐이다. 빈 칸에 들어갈 값 또는 항목을 채우거나 주어진 모형을 완성할 수 있는 알맞은 그림을 찾으면 된다. 문제에서 예시를 충분히 제시하기 때문에 연속성의 기본 원리를 파악하는 일은 그다지 어렵지 않다. 또한 이 원리만 알아내면 빈 칸에 들어갈 값은 금방 찾을 수 있다. 다음과 같은 퍼즐이 가장 쉬운 예이다.

　1-2-4-8-16-?

　앞에 제시한 숫자들을 보면　바로 앞에 나온 숫자에다 2를 곱한다는 원리를 찾을 수 있다. 이 원리에 따라서 물음표에 들어갈 숫자는 16의 2배인 32가 된다. 적당히 즐기면서 풀 수 있는 퍼즐은 이처럼 사람들이 쉽게 떠올릴 수 있는 한계에서 크게 벗어나지 않는다.

하지만 실제 퍼즐에서는 다소 복잡한 수학 공식을 적용하는 문제가 많기 때문에 어려울 수도 있다. 위의 퍼즐처럼 풀리지 않는다면 우선 앞뒤로 나열된 숫자들이 서로 어떻게 다른지 계산하고 그 차이들의 연속성을 찾아보는 것도 좋은 방법이다.

이보다 한 단계 더 어려운 퍼즐은 숫자를 자리별로 따지는 것이다. 다음과 같은 퍼즐을 예로 들 수 있다.

921-642-383-164-?

이 퍼즐의 경우, 각각의 자리마다 연속성의 원리가 다르게 적용된다. 즉, 9-6-3-0, 2-4-8-16, 1-2-3-4라는 세 가지 규칙이 한꺼번에 적용되고 있다. 따라서 물음표에 들어갈 숫자는 3325가 된다.

이와 달리 숫자 대신에 시계가 등장하는 퍼즐도 있다. 이때에는 시계에 표시된 숫자를 시간으로 읽을 것인지, 숫자 그대로 읽을 것인지, 아예 별개의 연속성을 지닌 숫자로 받아들여야 할 것인지 고민해야 한다. 더 나아가 시간을 분 단위로 모두 변환하고 이 숫자들의 연속성을 찾아야 하는 경우도 있다.

11:14

예컨대 이 숫자가 퍼즐에 나왔다면, 시계를 볼 때처럼 11시 14분이나 23시 14분으로 읽을 수 있다. 이 숫자는 단순히 숫자 11과 14, 또는 23과 14를 의미할 수도 있고, 1114 또는 2314를 의미할 수도 있다. 또는 한 시간은

60분이므로 11시간은 660분이 되고 거기에 14분을 더하면 총 674분이 되기 때문에 674라는 숫자를 의미할 수도 있다.

이와 같은 연속성 퍼즐을 풀려면 나열된 숫자가 공통적으로 따르고 있는 원리를 다양한 각도에서 접근하여 찾아내야 한다. 하지만 지나치게 벗어난 방식으로 숫자를 읽도록 요구하는 퍼즐은 바람직하지 않다. 이를 테면 실마리도 전혀 주지 않은 상태에서 11:14라는 숫자를 11개월 14일로 읽어야 한다거나, 14를 밑수로 하는 11의 로그함수로 읽어야 한다거나, 또는 문제에 나오지 않는 초 단위까지 계산하여 11시간 14분 00초로 읽어야 한다면 이러한 연속성의 원리를 찾아낼 사람은 별로 없을 것이다.

알파벳이 나오는 퍼즐은 그 자체로도 구체적인 문자의 나열이 될 수도 있고 숫자를 대신한 기호일 수도 있다. 알파벳이 의미하는 바를 알아내기만 하면 정답은 쉽게 찾을 수 있다.

D-N-O-?

위와 같은 퍼즐이 있을 때 처음에는 막연해 보이겠지만 일단 열두 달에 해당하는 영어 단어를 거꾸로 놓았다는 것(December-November-October)을 알 수 있다. 따라서 다음에 나올 알파벳은 S(September)라는 것을 알 수 있다.

바둑판처럼 그림이 나열된 퍼즐은 예측 가능한 연속성의 원리가 항상 존재한다. 특히 순서대로 이어지는 그림을 유심히 살펴보면 연속성을 찾을 수 있다. 숫자 퍼즐과 마찬가지로 간단한 그림 퍼즐에서 반복해서 나타나는 무늬가 쉽게 눈에 띈다. 난이도가 높아질수록 나열된 그림이 많아지고, 또한 연속성의 원리를 파악하기 힘들어진다. 특히 그림 나열 퍼즐은 정사각형 오른쪽 아래에서 출발하여 나선 모양으로 이어지거나, 지그재그로 올라가거나, 때로는 대각선 방향으로 움직이면서 그림이 연결된다. 이런 패턴을 알면 그림 퍼즐은 어렵지 않게 풀 수 있다.

이러한 연속성 원리를 응용한 또 하나의 문제 유형으로 다른 것들과 공통점이 없는 것을 찾아내는 퍼즐이 있다. 숫자, 알파벳, 그림의 나열 중에서 연속성을 띄지 않는 요소 하나를 찾아내는 것이다. 이러한 골라내기 퍼즐 또한 앞에서 본 연속성 퍼즐과 마찬가지로 아주 쉬운 문제부터 정답을 찾기가 거의 불가능해 보일 만큼 어려운 문제까지 난이도가 다양하다. 예를 들어 2-4-6-7-8에서 나머지와 다른 숫자 하나를 골라내는 퍼즐은 매우 쉽게 답을 찾을 수 있다(7만 2의 배수가 아니다). 하지만 다음 문제를 보자.

B-F-H-N-O

이 알파벳이 화학 원소 주기율표의 둘째 줄이라는 사실을 모르는 사람이라면 정답을 알아내기 어려울 것이다. 여기서 정답은 H다(H, 즉 수소는 원소 주기율표의 첫째 줄에 있다). 하지만 대부분 골라내기 퍼즐은 다른 연속성 퍼즐과 마찬가지로 문제 속에 충분한 힌트가 들어가 있다. 특히 퍼즐 제목이나 질문으로 그러한 암시를 한다. 예컨대 위의 퍼즐에서는 '원소 퍼즐'이라는 제목을 제시함으로써 정답을 찾는 열쇠를 제공한다.

방정식 퍼즐

방정식 퍼즐은 연속성 퍼즐과 거의 비슷하지만 그 풀이 방법에서 약간 차이가 난다. 대개 방정식 퍼즐은 하나 또는 둘 이상의 미지수가 들어 있는 수리적 계산 형태로 되어 있다. $2x+3y=9$와 같이 전형적인 방정식 모형을 제시하거나, 모루 두 개와 철근 세 개를 올린 접시와 말편자 아홉 개를 올린 접시가 서로 균형을 이루는 대칭 저울 그림을 제시하는 때도 있다. x, y, 모루, 철근으로 표현된 미지수를 정확하게 구하기 위해서 방정식 또는 주어진 값에 대한 관계식을 알아야 한다.

하지만 주어진 정보가 충분하지 않을 경우 정답을 하나만 고를 수 없는 상황도 있다. 예컨대 위의 방정식 $2x+3y=9$에서는 미지수가 두 개가 등장하는데 미지수를 채울 숫자는 여러 개가 가능하다. x는 3, y는 1이 될 수도 있고 x는 1.5, y는 2가 될 수도 있다. $(2 \times 3)+(3 \times 1)=9$, 또는 $(2 \times 1.5)+(3 \times 2)=9$ 이런 식으로 계속 찾다 보면 정답이 될 수 있는 숫자가 끝없이 나온다.

따라서 방정식 퍼즐을 풀 때에는 문제에 주어진 모든 방정식을 함께 고려해서 풀어야 한다. $2x+3y=9$가 $x+2y=7$이라는 방정식과 함께 나온다면 이제 방정식을 정확하게 풀 수 있다. 방정식 풀이의 핵심은 미지수의 개수를 점점 줄여 나가는 과정이므로 하나의 미지수를 푼 다음, 차례대로 나머지 다른 미지수를 알아내야 한다. $2x+3y=9$와 $x+2y=7$을 풀려면 먼저 미지수 x와 y의 관계부터 파악해야 한다. x와 y의 상관관계를 찾아내어 방정식의 x자리에 그에 해당하는 y 값을 넣으면 찾아야 할 미지수가 y 하나로 줄어든다.

글로 설명하는 것이 복잡해 보일지 모르지만 실제로 이렇게 방정식을 차례대로 풀어 나가다 보면 계산 과정은 그리 복잡하지 않다. 실제 방정식을 푸는 과정을 자세히 살펴보자.

우선 방정식은 양 변에 똑같은 변화를 주어도 그 값은 그대로 유지된다.

$$2+2=4$$

위 식에 양 변에 1을 각각 더해도 방정식은 여전히 성립한다.

$$2+2+1=4+1$$

이러한 방법을 x와 y의 방정식에도 적용해 보자.

$$x+2y-2y=7-2y$$

여기서 좌변의 $2y-2y=0$이 되고 결국 $x=7-2y$만 남는다. x는 곧 $7-2y$와 같다는 뜻이다. 이 값을 다른 방정식 $2x+3y=9$에 대입하자.

$$\{2x+3y=9\}=\{2\times(7-2y)+3y=9\}$$

여기서 $2x$란 x의 2배값이라는 뜻이므로 $7-2y$에 2를 곱해야 한다.

$$(2\times7)-(2\times2y)+3y=9$$

이를 계산하면,

$$14-4y+3y+9$$

이 방정식을 한 변에는 y값만, 다른 변에는 숫자만 남도록 식을 정리한다.

여기서도 역시 양 변에 똑같은 변화를 주는 방법을 사용한다.

$14-4y+3y-14=9-14$

$-4y+3y=-5$

$-4y+3y=-1y$이므로

$-1y=-5$ 따라서

$y=5$가 된다.

y가 5라는 사실을 알았으니 이제 다시 첫 번째 방정식 $x+2y=7$로 돌아가 y자리에 5를 넣는다.

$x+(2\times5)=7$

$x+10=7$

$x+10-10=7-10$

$x=7-10$

결국 $x=-3$이라는 것을 알 수 있다.

끝으로 이렇게 찾아낸 숫자를 방정식의 x, y자리에 넣어 x와 y값이 제대로 맞는지 확인해 본다.

$2x+3y=9$

$(2\times-3)+(3\times5)=9$

$-6+15=9$

$9=9$

$$x+2y=7$$
$$-3+(2 \times 5)=7$$
$$-3+10=7$$
$$7=7$$

결국 방정식을 제대로 풀어 정답을 찾은 것이다. 이처럼 방정식 퍼즐은 정답을 찾는데 필요한 정보가 문제 속에 충분히 주어진다. 미지수가 두 개 이상 있을 경우, 하나의 미지수를 나머지 다른 미지수의 값으로 바꾼 다음 또 다른 방정식의 미지수 자리에 그 값을 대입하여 풀어야 한다. 어떤 한 미지수에 해당하는 숫자를 찾아낼 때까지 이 과정을 반복한다.

이런 점에서 방정식 퍼즐은 고대에 나무로 만든 하노이의 탑 퍼즐을 숫자로 바꿔 놓은 것이라고 할 수 있다. 방정식 퍼즐을 푸는 마지막 비결을 공개하자면, 미지수 하나에 방정식도 하나가 있어야 한다는 것이다. 어떤 변수가 방정식에 나타나지 않는다면 결국 그 미지수는 방정식의 한 변 또는 양 변에서 0의 값을 취한다고 가정하면 된다. 이를테면, $4y+2z=8$은 곧 $0x+4y+2z=8$과 같다.

자, 이제 재미있는 퍼즐 속으로 빠져 보자!

퍼즐로 내 두뇌의 한계에 도전하라

퍼즐을 푸는 기술

Hard Puzzles
고급 퍼즐

이제 마음의 준비를 단단히 하길 바란다. 이 단계는 여러분의 두뇌를 최대한으로 사용할 수 있도록 주의 깊게 고안된 퍼즐들로 이루어져 있다. 쉽고 빠르게 풀 수 있는 방법은 없다. 그저 여러분의 능력을 시험할 수 있는 매우 어려운 문제들이 계속 이어질 뿐이다. 여러분이 지금까지 익힌 모든 요령을 동원하여 이 골치 아픈 문제들을 해결해야 한다. 강한 의지력과 창의력도 필요할 것이다.

하지만 문제의 난이도가 높은 만큼 주어지는 보상도 크다. 이 단계의 퍼즐들은 여러분의 두뇌가 더욱 튼튼해지도록 도와줄 것이다. 편안한 일상에서 벗어나면 전보다 더 강해지고 성장하게 된다. 신체뿐 아니라 정신도 마찬가지다. 헬스장에서 하는 근육 운동에 비유한다면 이 퍼즐들은 맨 마지막에 드는 무거운 역기와도 같다. 그 전에 했던 모든 운동들만큼 혹은 그보다 더 강력한 효과를 발휘하는 단계다.

힘든 게 다는 아니다. 정말 어려운 퍼즐인 만큼 풀고 나면 커다란 성취감을 얻을 수 있다. 차근차근 풀어나갈수록 힘든 장애물을 뛰어넘어 자신의 능력을 증명하고 있다는 깊은 만족감을 느낄 수 있을 것이다. 한 문제 한 문제 풀 때마다 점점 커져가는 자부심이야말로 여러분이 하게 될 수준 높은 두뇌 훈련의 효과만큼이나 중요한 보상이다. 자, 이제 두뇌 운동을 시작해보자.

패턴

비어 있는 부분에 들어갈 도형의 모양은?

패턴

A~D 중 아래 도형들의 다음 순서에 와야 할 것은?

A   B   C   D

다음 사각형의 논리를 파악하고 빈 칸을 채워라.

비어 있는 부분에 들어가야 할 숫자는?

물음표 부분에 들어가야 할 숫자는?

같은 무늬의 나비 두 마리를 골라라.

패턴

A~E 중 나머지와 종류가 다른 하나는?

다음 도형 안에 숨은 규칙을
찾아내어 물음표 부분을 채워라.

패턴

이 사각형 안의 숫자들은 9, 4, 8, 3, 7, 2의 순서로 오른쪽 맨 위부터 시계 반대 방향으로 돌면서 안쪽으로 들어간다. 그리고 그 사이사이에 빈 칸들이 추가되었다. 그 규칙을 파악하여 빠진 부분을 채워라.

		2	7	3	8	4	9		2	7	3	8	4	9
9	9								2	7	3	8	4	9
4	4	3	8	4	9									
8	8	7			2	7	3	8	4	9				
3	3	2		4	9									
7	7			8	7	3	8	4	9			2		
2	2			3	2							7		
			7									3		
			2									8	2	
												4	7	
9												9	3	
4													8	
8					9	4	8	3	7	2			4	
3					9	4	8	3	7	2			9	
7		9	4	8	3	7	2							
2					9	4	8	3	7	2				

공간

이 사각형 안에 숨은 규칙을 찾아내어 빈 칸을 채워라.

A ~ D 중 나머지와 종류가 다른 하나는?

A

B

C

D

물음표 부분에 들어갈 숫자는?

물음표 부분에 들어갈 숫자를 적어라.

물음표 부분에 어떤 숫자가 들어갈지 알아맞혀라.

퍼즐 15

이 조각들을 제대로 이어 붙이면 하나의 원을 만들 수 있다. 그런데 한 조각이 빠져 있다. 빠진 조각의 모양을 A~D 중에서 골라라.

A　　　　**B**　　　　**C**　　　　**D**

퍼즐 16

A ~ I 중에서 나머지와 종류가 다른 하나는?

수리

이 원 안의 규칙을 찾아내어 물음표 부분에 들어갈 숫자를 맞혀라.

이 사각형 안의 규칙을 찾아내어 물음표 부분에 들어갈 숫자를 맞혀라.

3	6	3	5
4	12	11	1
3	?	15	5
1	6	7	2

A~D 중 빈 자리에 들어가야 할 얼굴은?

패턴

A~E 중 나머지와 종류가 다른 하나는?

추론

아래의 평면도로 만들 수 없는
두 개의 입체를 골라라.

A

B

C

D

E

F

물음표 부분에 들어갈 숫자를 찾아라.
각 숫자는 10 이하의 수를 나타낸다.

물음표 부분에 들어갈 숫자는?

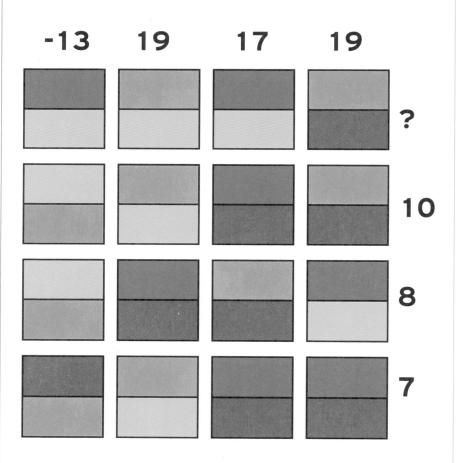

-13   19   17   19

?

10

8

7

이 도형 안의 숫자들은 5, 6, 4, 7, 3, 8, 2, 9, 1의 순서로 진행되며 숫자가 들어갈 자리에 교대로 글자(알파벳에서 그 수와 일치하는 순서의 글자)가 들어간다. 규칙을 파악하여 비어 있는 부분을 채워라.

6	G	B	6	2	G	F	5
5	D	3	9	D	I	3	4
1	F	7	H	A	7	1	H
9	E	4	C	2	5	C	E
2	A	6	G	8	I	F	8
8	I	5			B	1	4
3	B	1			H	9	E
7	H	9	E	4	C	2	A
4	C	2	A	6	G	8	I
6	G	8	I	5	D	3	B
A	D	3	B	1	F	7	H
H	5	7	H	9	E	4	C
6	2	F	C	2	A	6	G
8	D	I	4	8	I	5	D
A	B	7	1	G	B	1	F
F	5	9	C	E	3	9	E

물음표 부분에 들어갈 숫자는?

5   3
32
6   2

1   4
11
3   4

6   2
38
7   3

7   3
20
4   1

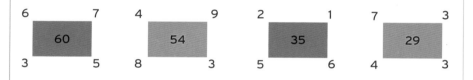

6   7
60
3   5

4   9
54
8   3

2   1
35
5   6

7   3
29
4   3

6   7
?
3   4

5   9
?
6   5

2   3
?
7   6

8   4
?
3   6

물음표 부분에 들어갈 숫자를 맞혀라.

비어 있는 마지막 시계가 가리켜야 할 시각은?

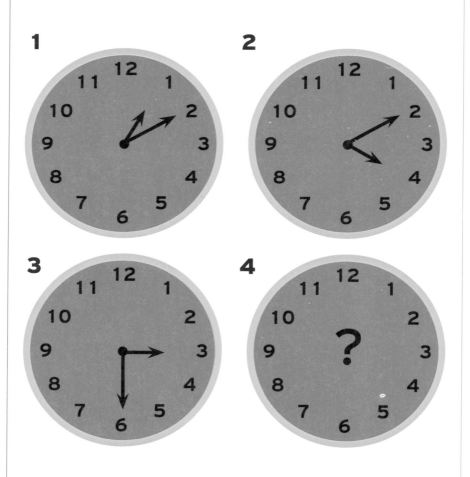

A ~ D 중 나머지와 종류가 다른 하나는?

수리

아래 도형를 주의 깊게 살펴보면 가로 방향으로든, 세로 방향으로든, 대각선 방향으로든 더해서 10이 되는 두 개의 수를 찾아낼 수 있을 것이다. 그러한 수의 쌍은 몇 개인가?

5	3	6	4	4	3	5	7	5	7	9	2	2	5	8	3
9	8	9	6	1	5	8	6	6	8	3	7	6	7	4	4
2	1	5	7	8	3	1	3	5	1	6	6	8	9	8	6
7	6	2	9	1	1	8	3	1	5	1	7	5	3	4	1
8	5	6	6	2	4	4	8	3	8	4	7	1	6	1	8
7	6	2	2	5	2	3	7	4	5	8	5	7	6	3	1
7	9	3	1	8	4	5	4	7	7	9	4	8	5	6	3
3	6	8	8	2	9	8	8	2	5	7	2	1	8	3	5
5	6	9	6	5	3	4	7	4	7	4	2	6	6	5	5
1	6	3	2	3	4	5	8	1	1	2	4	9	3	2	7
5	8	9	7	1	8	3	6	9	3	6	3	5	4	9	4
8	4	5	6	7	1	5	1	8	5	8	3	1	2	5	7
7	2	2	9	2	2	4	7	4	9	4	1	8	6	7	8
2	4	3	9	5	6	7	8	5	8	3	2	7	5	6	1
5	9	4	3	4	2	6	1	7	3	4	9	2	6	9	1
3	2	5	8	1	3	2	5	3	8	3	5	3	1	2	7

추론

아래의 빈 부분 안에 들어갈 원이 그려진 노란색 타일의 수는 몇 개인가?

추론

나머지 숫자와 종류가 다른 하나는?

물음표 부분에 들어갈 숫자는 무엇인가? 각각의 색은 10 이하의 수를 나타낸다. 수는 양수일 수도 있고 음수일 수도 있다.

6	7	3	8	2	4	1	6	9	5	91
3	4	6	2	9	7	7	6	3	4	111
5	9	6	8	3	2	4	7			74
9	8	2	3			6	8			51
8	7	3	4			6	1	4	6	68
2	9	5	4	8	3	6	2	7	8	97
4	3	2	9	1	4	5	6	8	3	85
6	2	4	3	1	7	9	6	3	8	91
2	4	7	6				1	2		36
3	5	6	8			2	4			45
90	108	89	100	36	44	94	82	52	?	

이 도형 안의 규칙을 찾아내어 물음표 부분에 들어갈 숫자를 맞혀라.

물음표 부분의 사각형은 어떤 모양이어야 할까?

물음표 부분에 들어갈 숫자를 찾아라. 각각의 색은 10 이하의 수를 나타낸다.

3	4	6	9	7	2	5	8	3	9	?
6	5	2	7	3	4	5	1	2	6	71
3	8	2	1	9	7	8	6	1	3	82
5	4	3	4	1	2	9	8	6	5	85
6	8	9	3	5	4	8	3	6	2	91
4	1	9	8	6	3	2	2	4	5	74
7	6	3	5	2	4	6	8	9	7	93
8	4	6	5	3	6	2	1	3	8	83
9	2	1	4	3	7	8	9	6	3	88
1	3	7	6	4	3	8	6	2	4	77
89	75	77	87	79	86	81	93	67	102	

퍼즐 36

이 조각들을 제대로 이어 붙이면 하나의 원을 만들 수 있다. 그런데 한 조각이 빠져 있다. 빠진 조각의 모양을 A~D 중에서 골라라.

A   B   C   D

추론

이 타일들을 배열하여 가로 첫째 줄과 세로 첫째 줄이 일치하는 사각형을 만들어보자.

이 도형들의 규칙을 찾아내어 물음표 부분에 들어갈 모양을 맞혀라.

각 원에서 나머지 숫자들과 어울리지 않는 숫자 하나를 골라라.

공간

이 조각들을 제대로 이어 붙이면 하나의 원을 만들 수 있다. 그런데 필요 없는 조각이 두 개 포함되어 있다. A~I 중에서 골라라.

패턴

A~D 중 아래 도형들의 다음 순서에 올 수 있는 것은?

A   B   C   D

물음표 부분에 들어가야 할 숫자는?

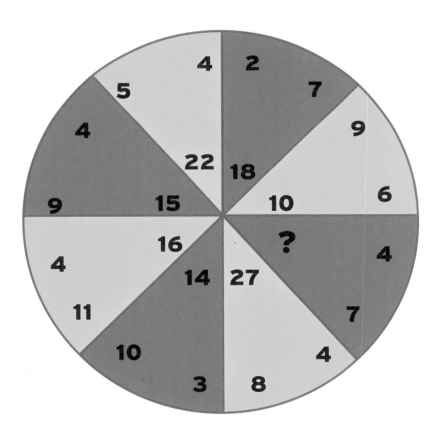

추론

이 도형 안의 규칙을 파악하여 물음표 부분에 들어갈 숫자를 맞혀라.

패턴

다음 사각형 안의 숫자들은 3, 1, 4, 1, 5, 8, 2, 7의 순서로 진행되는데 그중 일부 숫자들은 1씩 커져 있다. 그 숫자들에 표시를 하면 숨겨진 글자를 찾아낼 수 있다. 어떤 글자가 숨겨져 있을까?

1	1	5	2	1	8	4	3
1	4	4	1	8	3	5	1
1	4	2	2	5	6	7	1
1	4	2	3	3	1	1	2
1	4	2	3	7	7	3	4
4	4	2	4	8	2	2	7
3	1	2	3	7	2	8	8
8	7	4	3	7	2	8	5
1	5	3	7	7	2	8	5
5	3	2	8	2	2	8	5
2	1	7	4	5	8	8	5
7	8	4	2	1	1	5	5

퍼즐 45

이 사각형 안의 규칙을 파악하여 비어 있는 부분을 채워라.

패턴

물음표 부분에는 어떤 모양이 들어가야 할까?

물음표 부분에 들어가야 할 숫자는?

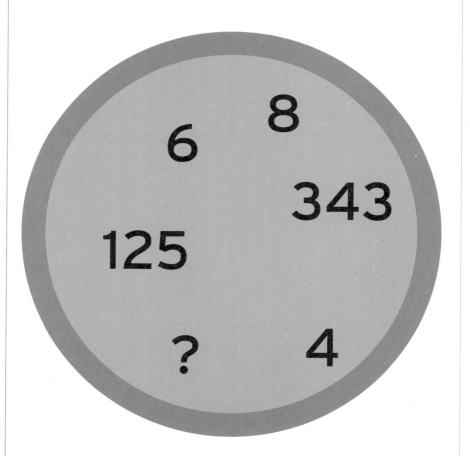

A와 B의 관계는 C와 무엇의 관계와 같은가?

이 조각들을 제대로 이어 붙이면 하나의 커다란 사각형을 만들 수 있다.
그런데 필요 없는 조각이 두 개 포함되어 있다. A~H 중에서 골라라.

물음표 부분에 들어갈 숫자는?

32   41   ?

이 원 안의 규칙을 파악하여 물음표 부분에 들어갈 숫자를 맞혀라.

추론

이 도형 안의 규칙을 파악하여 물음표 부분에 들어갈 숫자를 맞혀라.

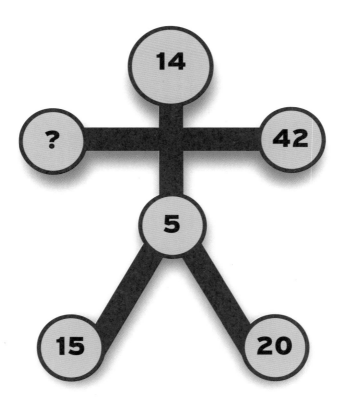

패턴

나머지 도형과 종류가 다른 하나는?

A와 B의 관계는 C와 무엇의 관계와 같은가?

A~F 중 아래의 평면도로 만들 수 없는 입체 두 개를 골라라.

A

B

C

D

E

F

퍼즐 56

이 조각들을 제대로 이어 붙이면 하나의 커다란 사각형을 만들 수 있다.
그런데 필요 없는 조각이 한 개 있다. A~G 중 어떤 것인가?

물음표 부분에 들어가야 할 숫자는?

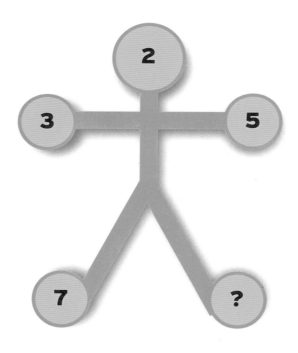

이 조각들을 제대로 이어 붙이면 하나의 커다란 사각형을 만들 수 있다.
그런데 잘못된 조각이 하나 있다. A~G 중 어떤 것인가?

나머지 숫자와 종류가 다른 하나는?

패턴

이 사각형 안의 규칙을 찾아내어 물음표 부분에 들어갈 숫자를 맞혀라.

3	3	9	3
5	8	2	1
4	3	8	1
8	2	1	?

아래에 숨은 규칙을 찾아내어 열기구 E의 비행시간을 맞혀라.

A 13시간 18분

B 28시간 35분

C 16시간 21분

D 7시간 19분

E a)13시간 29분
b)12시간 35분
c)7시간 12분
d)12시간 7분

추론

A~D 중 나머지와 다른 하나는?

A~D 중 이 도형들의 다음 순서에 올 수 있는 것은?

물음표 부분에 들어갈 숫자를 맞혀라. 각각의 색은 10 이하의 수를 나타낸다.

4	8	3	2	7	5	6	1	9	4	?
2	3	7	6	2	4	1	5	3	7	90
8	7	3	2	4	6	9	1	4	2	101
4	3	6	8	2	9	7	6	8	7	115
3	2	1	6	9	8	8	7	3	4	101
6	2	3	8	4	1	9	7	2	6	104
7	3	4	2	1	9	4	5	3	5	100
6	5	4	3	2	8	4	7	6	1	103
3	5	2	1	8	6	9	4	3	7	106
6	8	7	3	2	4	5	9	5	6	109

103 98 99 100 81 117 121 109 99 107

물음표 부분에 들어갈 숫자를 맞혀라. 각각의 색은 10 이하의 수를 나타낸다.

물음표 부분에 들어갈 숫자를 맞혀라. 각각의 색은 10 이하의 수를 나타낸다.

물음표 부분에 들어갈 숫자를 맞혀라. 각각의 색은 10 이하의 수를 나타낸다.

물음표 부분에 들어갈 숫자를 맞혀라. 각각의 색은 10 이하의 수를 나타낸다.

검은색 화살표를 표시된 방향으로 당긴다면 이 톱니바퀴에 매달린 화물은
위로 올라갈까, 아래로 내려갈까?

물음표 부분에 들어갈 숫자를 맞혀라. 각각의 색은 10 이하의 수를 나타낸다.

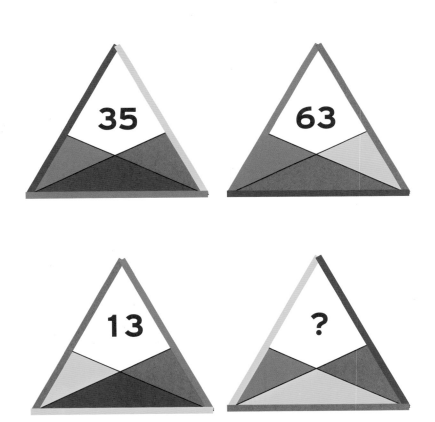

성냥 9개를 배열하여
3개의 삼각형을 만들었다.
이 중에서 다시 3개의
성냥을 옮겨 5개의
삼각형을 만들어보자.

물음표 부분에 들어갈 숫자를 맞혀라. 각각의 색은 10 이하의 수를 나타낸다.

논리

물음표 부분에 들어갈 숫자를 맞혀라. 각각의 색은 10 이하의 수를 나타낸다.

아래에 있는 시계들 사이의 규칙을 파악해서 5번째 시계가 가리켜야 할 시각을 맞혀라.

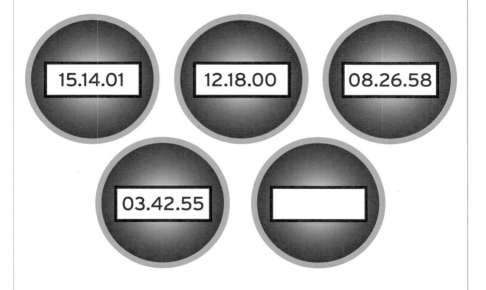

아래에 있는 도형과 결합시켰을 때 완벽한 원을 이룰 수 있는 도형은?

A

B

C

D

E

이 평면도를 사용하여 만들 수 있는 주사위는?

A

B

C

D

E

정원사 링컨은 세상을 떠나면서 손주들에게 각각 19개의 장미 밭을 남겼다. 손주인 애그니스(A), 빌리(B), 카트리오나(C), 데릭(D)은 사이가 매우 나빠서 자신들의 땅에 다음과 같이 울타리를 치기로 했다. 가장 긴 울타리를 쳐야 하는 사람은 누구인가?

다음의 삼각형 그룹들 중 다른 그룹과 종류가 다른 것은?

A~E 중 나머지와 종류가 다른 하나는?

A ~ E 중 아래 도형들 다음 순서에 올 수 있는 것은?

A   B   C

D   E

이 시계들 사이의 규칙을 파악하여 A~D 중에서 다섯 번째 시계가 가리켜야 하는 시각을 골라라.

A

B

C

D

A ~ E 중 나머지와 종류가 다른 하나는?

A와 B의 관계는 C와 무엇의 관계와 같은가?

A
B
C

D
E
F

G
H

추론

같은 무늬를 가진 나비 두 마리를 골라라.

이 그림들은 하나의 주사위를 서로 다른 각도에서 본 것이다.
X 표시가 된 쪽의 면은 어떤 형태일까?

A   **B**   **C**   **D**   **E**

패턴

A ~ E 중 아래 도형들 다음 순서에 올 수 있는 것은?

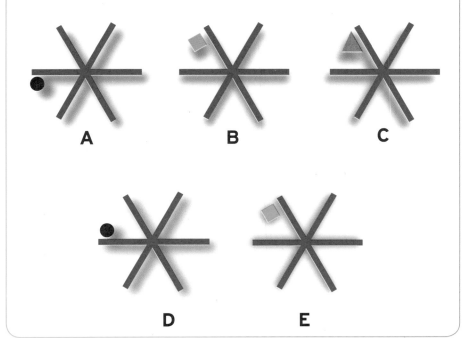

A   B   C

D   E

각 칸에 해당하는 값은 10 이하의 연속된 수이다. 노란색은 7이고, 각 칸의 값을 모두 더하면 50이다. 파란색과 녹색의 값은?

물음표 부분에 들어갈 숫자는?

논리

이 삼각형들의 규칙을 파악하여 네 번째 삼각형 안에 들어갈 도형을 맞혀라.

이 삼각형 안에서 원이 하나 더 들어가야 할 위치는 어디인가?

다음의 삼각형 그룹들 중
다른 그룹과 종류가 다른 것은?

A   B   C

D   E

나머지와 종류가 다른 하나는?

패턴

A~E 중 아래 도형들의 다음 순서에 와야 할 것은?

A

B

C

D

E

A와 B의 관계는 C와 무엇의 관계와 같은가?

Answers 정답

퍼즐 1.

1과 1a, 2와 2a, 3과 3a, 4와 4a가 한 쌍이다. 원 안의 점은 위쪽에서 아래쪽으로, 다음 줄에서는 다시 아래쪽에서 위쪽으로 움직이는 순서로 이동한다.

퍼즐 2.

D.

줄무늬가 있는 구역은 시계 방향으로 1칸, 2칸, 3칸, 4칸씩 이동한다. 2칸, 4칸 이동할 때마다 패턴이 반전된다. 점은 시계 방향으로 2칸씩, 반시계 방향으로 1칸씩 이동한다.

퍼즐 3.

🫳	🫳	🫳
👉	👉	🫳
🫳	👉	👉

오른쪽 아래부터 출발하여 다음과 같은 순서로

🫳 🫳 👆 👉 🫳 👉 🫳 🫳 🫳

오른쪽 맨 아래에서 시작해서 대각선 방향으로 위로 올라갔다가 다시 아래로 내려오고 다시 위로 올라가는 방식으로 계속 반복된다(시계 방향으로 시작).

퍼즐 4.

7.

각 사각형의 바깥쪽에 있는 세 숫자를 더한다(A). A값의 앞자리 수와 뒷자리 수를 더한다(B). A를 B로 나눈 값이 작은 사각형 안에 들어가는 숫자가 된다.

퍼즐 5.

72.

왼쪽 위의 숫자를 2로 나눈다. 그리고 오른쪽 위의 숫자에 3을 곱한다. 그 두 값을 곱한 결과가 아래쪽 사각형에 들어갈 숫자가 된다.

퍼즐 6.

A와 F.

퍼즐 7.

C.

비대칭적인 도형이 포함된 유일한 원이다.

퍼즐 8.

다음과 같은 순서로 오른쪽 맨 아래부터 위쪽으로, 그 다음 줄은 위쪽에서 아래쪽으로 진행되는 방식으로 반복된다. 오른쪽 아래에서 출발하여

의 순서를 반복하면서 위에서 아래로 다시 아래에서 위로 이동하며, 다시 위로 아래로 방향을 바꾸어가며 채워간다.

퍼즐 9.

		2
9		7
4	8	3

퍼즐 10.

오른쪽 위에서 출발하여

의 순서를 반복하면서 대각선 방향으로 좌우 번갈아가며 점점 왼쪽으로 채워간다. 첫째 칸에서 출발할 때는 반시계 방향(즉, 오른쪽 위 칸에서 왼쪽)으로 이동한다.

퍼즐 11.

B.

B는 나머지 도형들과 거울상을 이룬다.

퍼즐 12.

10.

각 칸의 바깥쪽에 있는 숫자를 곱한 뒤 원의 외부에 있는 숫자로 나눈다. 그 값을 맞은편 칸의 안쪽에 넣는다.

퍼즐 13.

32.

나머지 숫자들에는 모두 앞자리 수와 뒷자리 수를 바꾼 짝이 있다.

퍼즐 14.

56.

왼쪽 위의 숫자에 3분의 2를 곱하고 다시 그 값에 오른쪽 위 숫자의 2배를 곱한다. 그 결과가 아래쪽 사각형 안의 숫자다.

퍼즐 15.

B.

퍼즐 16.

C.

나머지는 수직선을 중심으로 반전된

형태의 짝이 하나씩 존재한다.

퍼즐 17.

5.

각 칸의 두 수를 더한 뒤 그 값의 앞자리 수와 뒷자리 수를 다시 더한 값이 시계 방향으로 다음 칸의 첫 번째 숫자가 된다.

퍼즐 18.

8.

왼쪽 맨 위부터 시계 방향으로 세 개의 숫자를 더해서 그 값을 두 번째 숫자의 아래, 옆, 또는 위에 넣는다(두 번째 숫자의 위치에 따라 적절히). 시계 방향으로 이 과정을 계속 반복하면서 안쪽으로 들어간다.

퍼즐 19.

B.

각 줄에 포함된 4개의 얼굴들은 머리카락과 귀, 눈, 입, 얼굴형이 모두 다르다.

퍼즐 20.

C.

A와 D, B와 E는 각각 수직선을 중심으로 반전시킨 뒤 옆으로 돌린 형태의 한 쌍이다.

퍼즐 21.

D와 E.

퍼즐 22.

141.

빨간색=2, 녹색=4, 주황색=7, 노란색=9. 각 사각형 안의 숫자를 곱한 값을 모두 더한다.

퍼즐 23.

17.

빨간색=6, 노란색=7, 녹색=10, 주황색=12. 사각형의 위쪽 수에서 아래쪽 수를 뺀 값을 모두 더한다. 각 색깔은 하나의 수를 나타내지만 그 수가 꼭 10 이하일 필요는 없다.

퍼즐 24.

D	3
F	7

오른쪽 맨 위부터 시작해서 대각선 방향으로 위에서 아래로 내려오는 순서로 계속 반복된다.

퍼즐 25.

57, 71, 53, 45.

파란색=3, 노란색=5, 주황색=-4. 녹색=-5. 각 사각형의 위쪽에 있는 두 수를 곱한 값과 아래쪽에 있는 두 수를 곱한 값을 더한다. 그리고 그 값에 사각형의 색깔이 나타내는 수를 더한다.

퍼즐 26.
90.
주황색=25, 보라색=17, 노란색=36,
녹색=12.

퍼즐 27.
분침은 4를 가리키고 시침은 8을 가리켜야 한다.
한 시곗바늘이 가리키는 숫자는 나머지 바늘이 가리키는 숫자의 두 배이다. 그중 더 작은 수가 1씩 커지고, 그때마다 시침과 분침이 바뀐다.

퍼즐 28.
D.
공식은 다음과 같다. 왼쪽+(가운데×오른쪽)=위쪽+(가운데×아래쪽). 하지만 D에서는 양변의 값이 각각 26과 25로 등식이 성립하지 않는다.

퍼즐 29.
총 43쌍.

퍼즐 30.
14개.

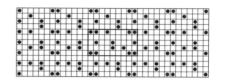

퍼즐 31.
410.
다른 숫자들은 모두 앞자리와 가운데 자리의 수를 더한 값이 뒷자리 수와 같다.

퍼즐 32.
54.
분홍색=3, 주황색=4, 노란색=5, 녹색=6, 보라색=-2, 빨간색=-4. 각 색이 나타내는 수와 사각형 안의 숫자를 더한다.

퍼즐 33.
20.
왼손×오른손÷허리=머리, 왼발×오른발÷허리=머리.

퍼즐 34.

오른쪽 위부터 시작해서 반시계 방향으로 돌면서 안쪽으로 들어간다. 점은

사각형 안에서 시계 방향으로 이동한
다.

퍼즐 35.
96.
분홍색=2, 노란색=3, 녹색=4, 주황
색=5.

퍼즐 36.
A.

퍼즐 37.

퍼즐 38.

공식은 다음과 같다. (오른쪽×왼쪽−
위쪽)×(원이 채워진 비율)=아래쪽

퍼즐 39.
625와 5.
오른쪽 원 안에는 7, 9, 13을 세제

곱한 수가 들어가고 왼쪽 원에는 18,
26, 54를 제곱한 수가 들어간다.

퍼즐 40.
C와 F.

퍼즐 41.
A.
사각형 내부에 있는 도형들을 이루는
선의 수를 모두 더한 값이 2씩 증가하
는 순서다(12, 14, 16, 18, 20).

퍼즐 42.
7.
각 칸의 바깥쪽에 있는 두 개의 숫자를
곱한 결과를 2로 나눈 값이 다음다음
칸의 안쪽 숫자가 된다.

퍼즐 43.
20.
인접한 원의 가운데 숫자가 모두 홀수
일 경우 더하고, 모두 짝수일 경우 곱
한다. 하나는 홀수고 하나는 짝수일 경
우 그 두 수의 차이를 구한다. 그렇게
해서 얻은 값을 두 원이 겹쳐지는 구역
에 넣는다.

퍼즐 44.
숨겨진 글자는 F이다.
패턴은 오른쪽 맨 위부터 시작해서 대
각선 방향으로 아래에서 위로 올라가

는 순서로 계속 반복된다.

퍼즐 45.

의 순서를 반복하면서 왼쪽 위부터 아래로 다시 아래에서 위로 반복하며, 점점 오른쪽으로 채운 것이다.

퍼즐 46.

패턴은 다음과 같은 순서로

왼쪽 위에서부터 시계 방향으로 돌면서 안쪽으로 들어간다.

퍼즐 47.

27 또는 729.

각각의 숫자들은 A^3, B, C^3, D, E^3의 순서로 이어진다.

퍼즐 48.

F. 각 도형을 이루는 선의 수가 2개씩 증가하고, 도형의 전체 순서가 반전된다.

퍼즐 49.

B와 E.

퍼즐 50.

11.

각 숫자를 이루는 선의 수에 3을 곱한 뒤 해당 수를 뺀다.

퍼즐 51.

9.

각 칸의 바깥쪽에 있는 두 개의 숫자를 곱한 뒤 교대로 돌아가면서 2와 3으로 나눈다. 그 값을 반대쪽 칸의 안쪽에 넣는다.

퍼즐 52.

56.

(머리×왼발)÷허리=오른손, (머리×오른발)÷허리=왼손.
$(14 \times 15) \div 5 = 42$, $(14 \times 20) \div 5 = 56$.

퍼즐 53.

E.

내부의 선이 왼쪽 아래에서 오른쪽 위로 향하는 사각형은 화살표가 위쪽이나 오른쪽을 향한다. 내부의 선이 오른쪽 아래에서 왼쪽 위로 향하는 사각형은 화살표가 아래쪽이나 왼쪽을 향한다.

퍼즐 54.

D.

수평선을 중심으로 전체 도형을 반전시킨다. 그리고 직선이 포함된 도형은 시계 방향으로 90° 회전시키고 원 안에 작은 원이 있는 형태의 도형은 사라진다.

퍼즐 55.

B와 F.

퍼즐 56.

G.

퍼즐 57.

11.

모두 연속되는 소수(素數)이다.

퍼즐 58.

D.

퍼즐 59.

91.

나머지는 모두 소수이다.

퍼즐 60.

5.

가로줄 안의 숫자 3개를 더하면 나머지 숫자가 된다.

퍼즐 61.

a.

열기구 위에 적힌 수의 맨 앞자리와 맨 뒷자리 수를 곱한다. 그 값에서 두 번째 자리 수를 뺀 값이 시간이 되고, 세 번째 자리 수를 더한 값이 분이 된다.

퍼즐 62.

D.

공식은 다음과 같다. (오른쪽×왼쪽 원이 채워진 비율)−(위쪽×아래쪽 원이 채워진 비율)=가운데 도형을 이루는 변의 수. 예를 들어 D의 경우 (18× 2/3)−(12×3/4)=3. 따라서 가운데 도형을 이루는 변의 수는 3개여야 하므로 공식에 들어맞지 않는다.

퍼즐 63.

D.

기호들을 교대로 180°, 90°씩 회전시킨다. 원과 사각형의 위치가 바뀌고, 마름모와 직사각형은 색이 바뀐다.

퍼즐 64.

05.

노란색=4, 분홍색=5, 녹색=6, 주황색 =7. 각 색에 해당하는 수와 사각형 안의 수를 더한다.

퍼즐 65.

19.

주황색=3, 녹색=4, 빨간색=5, 보라색=7.

77.
보라색=3, 녹색=4, 노란색=6, 주황색
=9. 좌변의 수와 우변의 수를 더한 값
에 밑변의 수를 곱한다. 이 결과를 1번
이라고 하자. 이제 삼각형 내부에서 왼
쪽 색과 오른쪽 색의 수를 더한 뒤 아래
쪽 색의 수를 뺀다. 이 결과를 2번이라
고 하자. 마지막으로 1번 값에서 2번
값을 뺀 결과가 삼각형 내부의 숫자가
된다.

퍼즐 67.
34.
녹색=3, 빨간색=4, 노란색=5, 보라색
=7. 각 사각형의 색에 해당하는 수를
모두 더한다.

퍼즐 68.
26.
빨간색=3, 노란색=6, 보라색=8, 녹색
=9.

퍼즐 69.
아래로 내려간다.

퍼즐 70.
27.
노란색=2, 빨간색=3, 녹색=4, 보라색
=6. 삼각형의 각 변의 수를 모두 곱한
값을 1번이라고 하고, 삼각형 내부의
수를 모두 더한 값을 2번이라고 하자.

1번 값에서 2번 값을 뺀 결과가 삼각
형 가운데의 숫자가 된다.

퍼즐 71.

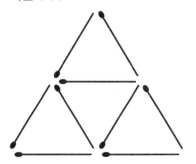

퍼즐 72.
19.
주황색=3, 빨간색=5, 보라색=7, 녹색
=4. 각 사각형의 색에 해당하는 수를
모두 더한다.

퍼즐 73.
28.
보라색=5, 주황색=2, 노란색=3, 녹색
=6. 각 사각형의 색에 해당하는 수를
모두 더한다.

퍼즐 74.
21:14:51.
시간은 3시간, 4시간, 5시간, 6시간씩
뒤로 이동한다. 분은 4분, 8분, 16분,
32분씩 앞으로 이동한다. 초는 1초,
2초, 3초, 4초씩 뒤로 이동한다. 따라
서 다섯 번째 시계가 가리키는 시각은

21:14:51이다.

퍼즐 75.
C.

퍼즐 76.
A.

퍼즐 77.
빌리의 땅의 경계선이 가장 길다.

퍼즐 78.
A.

퍼즐 79.
D. 나머지는 모두 기둥 위쪽의 가로대 수와 아래쪽의 가로대 수를 곱했을 때 짝수가 나온다.

퍼즐 80.
D.
세로선, 가로선을 교대로 돌아가면서 추가한다. 세로선이 더해질 때는 화살촉의 색이 바뀐다.

퍼즐 81.
D.
교대로 돌아가면서 초침은 30초 앞으로, 15초 뒤로 이동하고 분침은 10분 뒤로, 5분 앞으로 이동하고 시침은 2시간 앞으로, 1시간 뒤로 이동한다.

퍼즐 82.
D.

퍼즐 83.
H.
시계 방향으로 이동시킨 뒤 도형의 가운데를 가로지르는 수평선을 중심으로 반전시킨다.

퍼즐 84.

퍼즐 85.
D.

퍼즐 86.
D.
원과 삼각형이 교대로 나온다. 원 다음의 삼각형은 반시계 방향으로 한 칸을 이동하고, 삼각형이 나온 뒤의 원은 두 칸을 이동한다.

퍼즐 87.
파란색=8, 녹색=9.

퍼즐 88.
64부터 시계 방향으로 한 칸씩 건너뛰면서 1, 2, 4, 8, 16, 32의 순서로 빼나간다.

퍼즐 89.
사각형.
삼각형 주변의 숫자 세 개를 더한 값이 짝수면 내부의 도형은 사각형이 되고, 홀수면 삼각형이 된다.

퍼즐 90.
맨 아랫줄 오른쪽에서 두 번째 삼각형.
맨 위에서부터 시작하여 왼쪽에서 오른쪽으로 원, 빈 칸 1개, 원, 빈 칸 2개, 원, 빈 칸 3개, 원, 빈 칸 4개의 순서로 진행된다.

퍼즐 91.
C.
곡선들이 삼각형 내부의 공간을 점점 침범해 들어간다.

퍼즐 92.
D.
D만 별의 꼭짓점 하나가 없다.

퍼즐 93.
C.

퍼즐 94.
F.

작은 사각형은 큰 사각형이 되고 큰 사각형은 작은 사각형이 된다. 작은 사각형에 붙은 삼각형은 사라지고 큰 사각형에 붙은 삼각형은 그대로 남는다.

엄마를 위한 **멘사 종합 퍼즐** - 고급

초판 1쇄 발행 2021년 5월 28일

지은이 | 로버트 앨런
옮긴이 | 홍주연
펴낸이 | 정광성
펴낸곳 | 알파미디어
등록번호 | 제2018-000063호
주소 | 서울시 강동구 천호옛12길 46 2층 201호
전화 | 02 487 2041
팩스 | 02 488 2040

ISBN 979-11-91122-19-0 (03410)

∗ 출판을 원하시는 분들의 아이디어와 투고를 환영합니다.
  alpha_media@naver.com